AF307142

# Übermittlung von UAV Telemetriedaten mit Flugcontrollern

Roland Büchi

Bibliografische Information der Deutschen Nationalbibliothek
Die Deutsche Nationalbibliothek verzeichnet diese Publikation in der Deutschen Nationalbibliografie; detaillierte bibliografische Daten sind im Internet über www.dnb.de abrufbar.

**Impressum**
Roland Büchi, 2022
Herstellung und Verlag: BoD – Books on Demand, Norderstedt
ISBN: 978-3-7562-3746-3

# Kommunikation von UAV Telemetriedaten mit Flugcontrollern

# Kommunikation von UAV Telemetriedaten mit Flugcontrollern

Die Multicopter eignen sich besonders für die Behandlung der Themen Telemetrie oder auch Fotoflug mit UAV, Unmanned Air Vehicles. Sie erlauben es, an einem Ort zu schweben. Dies ermöglicht auch einen besonders guten Datentransfer zum Boden. Ausserdem können so auch sehr gute Bilder aufgenommen und übermittelt werden. In dieser Publikation wird die Übermittlung von Telemetrie- und Bilddaten mit einem Octocopter, sowie deren Darstellung an einer Bodenstation behandelt.

## 1. Octocopter

Für die Betrachtungen wird ein Multicopter mit 8 Motoren und Propellern gebaut, also ein Octocopter. Es werden dazu 8" Propeller in Kombination mit Hacker Motoren A20-50S verwendet. Einerseits wird dadurch eine gewisse Redundanz ermöglicht. Somit wird auch bei einem Motorausfall immer noch eine einigermassen sichere Landung ermöglicht. Andererseits kann man so auch mit kleinen 8" Propellern eine gute Nutzlast erreichen, das sind im Beispiel etwa 500g. Der Octocopter wird nicht mit der sonst üblichen Rund-Anordnung der Propeller ausgeführt. Sondern es werden zwei Reihen mit je vier Propellern parallel zueinander montiert. Diese Anordnung wird auch H- Anordnung genannt, da sie diesem Buchstaben ähnlich ist. Der entstandene Octocopter hat je nach Akku und zusätzlich mitgeführten Geräten wie Telemetriesender, Kamera und Videolink ein Abfluggewicht von etwa 1000g. Die Motoren erzeugen je etwa 3N bzw. 300g Schub. Das sind insgesamt also etwa 24N bzw. 2400g. Als Akkus werden 3S LiPo's eingesetzt, mit zwischen 2600mAh und 3800mAh Ladungsinhalt. Damit beträgt die Flugzeit ungefähr zwischen 15 und 20 Minuten.

Das Bild 1 zeigt den Octocopter. Er ist mit Telemetrie ausgerüstet. Man kann unter anderem erkennen: die Antennen der Telemetrie und der Videoübertragung, eine ohne Gimbal montierte Kamera, einen GPS- Empfänger und den Flugcontroller. In den nächsten Kapiteln werden diese Komponenten und deren Auswertung an der Bodenstation näher beschrieben.

*Bild 1: Octocopter in H- Konfiguration.*

## 2. Flugcontroller

Flugcontroller sind die zentrale Steuereinheit dieser Fluggeräte. Ihre Hauptaufgabe ist es, die Motoren und Propeller so anzusteuern, dass die gewünschten Flugphasen korrekt durchgeführt werden können. Das ist im einfachsten Fall ein normaler ferngesteuerter Flug mit Achsenstabilisation. Je nach Einstellung kann es aber auch eine Höhenregelung über einen Luftdrucksensor, ein GPS- unterstützter Schwebeflug an einer Stelle, eine geregelte Driftfunktion nach links oder nach rechts beziehungsweise vorwärts oder rückwärts, oder sogar ein selbstständiger Abflug von vorher einprogrammierten Wegpunkten, sogenannten Waypoints sein. Die meisten modernen Flugcontroller unterstützen auch Telemetrie und First Person View, FPV. Ausserdem kommunizieren die Flugcontroller auch direkt mit dem Empfänger der Fernsteuerung. Das Bild 2 zeigt eine schematische Übersicht über ein solches System. Das Bild 3 zeigt einen Flugcontroller mit seinen Anschlüssen.

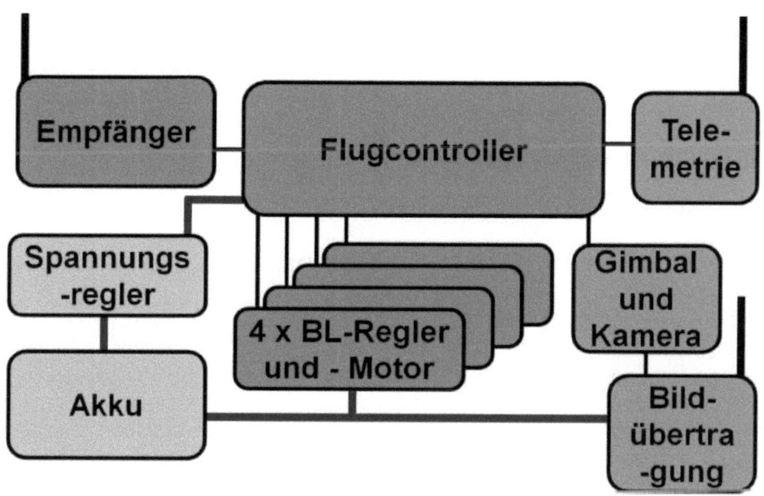


*Bild 2: Schematische Übersicht über ein System mit Flugcontroller.*

*Bild 3: Ein Flight- Controller mit seinen Anschlüssen.*

Daraus ist ersichtlich, dass die Anschlüsse für alle wichtigen Funktionen wie beispielsweise Telemetrie oder auch GPS bereits vorhanden sind. Diese werden auch von der konfigurierbaren Software unterstützt. Es werden für den Anschluss des Empfängers in den meisten Fällen verschiedene Möglichkeiten unterstützt. Dabei wird im konkreten Beispiel entweder das von den Spektrum Fernsteuerungen unterstützte DSM Signal oder das Puls- Pausen- Modulationssignal (PPM) benötigt. Sofern der Empfänger dieses Signal nicht bereitstellen kann, kann auch ein PPM- Encoder eingesetzt werden. An dessen Eingang liegen die PWM- Signale von bis zu acht Kanälen. Daraus setzt ein Encoder das PPM- Signal zusammen, welches an dessen Ausgang für den Flugcontroller bereitliegt.

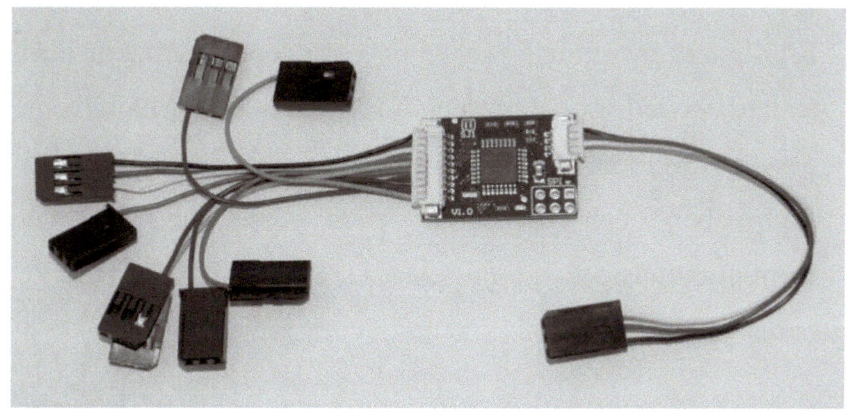

*Bild 4: PPM- Encoder.*

Die Ausgänge des Flugcontrollers sind in Bild 3 vorne sichtbar. Neben acht PWM- Ausgängen für den Anschluss von Brushless- Controllern für die Steuerung der Motoren und Propeller sind auch weitere Servoanschlüsse vorgesehen. Damit kann man beispielsweise auch einen motorisierten Kameragimbal anschliessen. Bei den Flugcontrollern sind die nötigen Sensoren für die Lageerkennung des Multicoptes eingebaut, um ihn stabil in der Luft zu halten und zu manövrieren. Deshalb können damit auch die Servos eines Gimbals so angesteuert werden, dass die Kamera immer im gewünschten Winkel gehalten werden kann, unabhängig davon, welche Flugmanöver der Multicopter gerade ausführt. Es sind heute solche Flugcontroller von verschiedenen Anbietern verfügbar. Damit können mit der entsprechenden Konfiguration oftmals nicht nur Quadcopter, sondern auch andere Modelle wie Flugzeuge, RC- Cars oder Modellboote gesteuert werden. Alle Flugcontroller haben gemeinsam, dass sie neben den Sensoren auch eine entsprechende Konfigurationssoftware mit einer USB- Schnittstelle zum PC bereitstellen.

## 3. Kamera und Videolink

Beim hier behandelten Octocopter sind eine einfache Kamera und ein Videolink eingebaut. Die Kamera ist hier aus Gewichtsgründen ohne Gimbal montiert. Sie wird in Bild 7 gezeigt. Damit sie gute Bilder mit Landschaft und Horizont aufnehmen kann, ist sie leicht nach vorne geneigt angebracht und starr montiert. Die Auflösung beträgt 600 TVL, also 600 Pixel in der Horizontalen. Damit ist sie nicht geeignet, um hochauflösende Fotos zu machen. Sie ist jedoch eine gute Wahl für schnelle Videoübertragungen zu einer Videobrille oder einer Bodenstation. Und sie ist auch sehr leicht.

Der Videolink wird mit einer 5.8 GHz – Übertragung ausgeführt. Bild 5 zeigt diese. Die Stromversorgung erfolgt über den Balancer- Anschluss des LiPo- Akkus. Dieser ist ja während des Fluges frei verfügbar. Am Boden können diese Bilddaten auf verschiedene Arten sichtbar gemacht werden, beispielsweise auch mit einer Videobrille, welche weiter unten beschrieben wird. Bei diesem Beispiel wird jedoch zuerst noch eine andere Möglichkeit gezeigt. Die Videobrille dient hier einmal nur als Empfänger der Bilddaten. Ihr Video- Ausgang wird mit einem sogenannten Frame- Grabber in den PC eingelesen.

Ein Frame Grabber wandelt die über den Empfänger erhaltenen Bilddaten in Daten, welche über die USB- Schnittstelle übertragen werden können. Der Mission Planner ist die im Beispiel zum verwendeten Flugcontroller gehörende Software. Damit können verschiedene Konfigurationen oder auch Visulisierungen vorgenommen werden. Dies wird weiter unten im Bild 10 gezeigt.

*Bild 5: Video- Übertragung mit 5.8 GHz.*

Somit besteht die Bodenstation also aus dem PC, in welchen sowohl der Empfänger der Telemetrie als auch der Framegrabber über USB- Schnittstellen eingesteckt werden. Die Software ‚Mission Planner' kann alle Daten, GPS, Bilder, Akkuspannung und weiteres auf einem Bildschirm darstellen.

Damit ist es auch möglich, auf demselben Bildschirm einen vollständigen Überblick über verschiedene Daten zusammenzustellen. Somit kann der Zustand des Systems während des Fluges nahezu in Echtzeit so gut wie möglich überwacht werden.

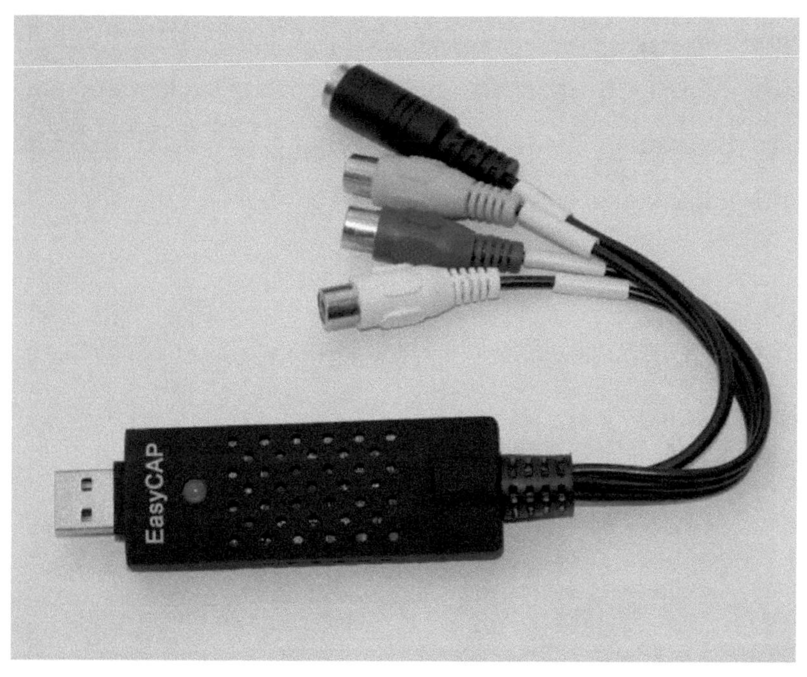

*Bild 6: Frame Grabber mit USB- Schnittstelle.*

Mit dem GPS und auch der Höheninformation über den Luftdrucksensor wäre es aus technischer Sicht grundsätzlich auch möglich, den Multicopter nur über den Bildschirm alleine zu steuern. Jedoch ist das aus rechtlichen Gründen nicht zulässig, weil stets Sichtkontakt zum Octocopter bestehen muss. Diese Regel der ‚line of sight' wird in vielen Ländern vorgeschrieben. Es muss also grundsätzlich immer Sichtkontakt zum ferngesteuerten Fluggerät vorhanden sein.

Somit ist eine Steuerung nur über die Bodenstation alleine nicht zulässig. Sie darf also nur zu Kontrollzwecken und auch zur Erfassung und zur Darstellung von zusätzlicher Information eingesetzt werden.

*Bild 7: Auf den Octocopter montierte FPV- Kamera.*

In jedem Falle ist es auch möglich, eine zweite Person beizuziehen. Sie kann die Daten der Bodenstation ablesen und dem Multicopter- Piloten eine Hilfestellung liefern. Das kann beispielsweise Information über die Akkuspannung oder

Flugzeit sein, oder die Auswertung und Abgleich der Position des GPS mit dem Hintergrund der Karteninformation oder auch ganz einfach die Erklärung, welches Bild und welche Bildqualität die Kamera gerade liefert.

Diese Art eines sehr technikintensiven Modellbaus geht selbstverständlich sehr weit über den ferngesteuerten Flugmodellbau hinaus. So sind vor einem Start auch einige Tests nötig, bis alle Übertragungen des gesamten Systems funktionieren. So laufen also insgesamt laufen drei Übertragungen parallel, es sind dies die 2.4 GHz der Fernsteuerung, dann die 5.8 GHz der Videoübertragung und auch die Telemetrie, welche im Beispiel mit 433 MHz arbeitet. Diese Art des Modellbaus mag nicht im Sinne eines jeden sein. Aber es ist auch die gute Eigenschaft der heutigen Technik, dass sie eben alle diese Möglichkeiten bietet. Man kann sie einsetzen, muss es aber nicht.

## 4. Videobrille

Wenn man sein Modell wirklich völlig abgeschottet von der restlichen Umgebung erleben möchte, sind Videobrillen erste Wahl. Mit ihnen kann man ausschliesslich die übertragenen

Bilder auf sich wirken lassen. Auch hier sind die rechtlichen Aspekte in der Praxis zu beachten, denn ein solcher Flug ist Outdoor nicht erlaubt, da es eben kein ‚line of sight' ist. Es ist aber immer möglich, dass der Quadcopter Pilot sein Fluggerät mit der Fernsteuerung steuert und jemand anders die Videobrille aufsetzt.

Videobrillen haben ein oder zwei Farb- LC- Displays eingebaut. Eine typische Bildauflösung ist der HDMI Standard. Es sind oftmals auch Empfänger mit Antennen direkt bei der Brille eingebaut, damit die Bilder direkt vom Modell zur Brille übertragen werden können. Es gibt auch Varianten, bei welchen der Empfänger extern angeschlossen wird.

In der einfachsten und auch häufigsten Variante wird keine Stereo- Übertragung der Bilder vorgenommen. Das hat auch den Vorteil, dass auf dem Quadcopter nur eine Kamera eingebaut werden muss.

Bild 8 zeigt eine Videobrille integriertem Empfänger. Bei ganz ausgeklügelten Systemen enthält die Videobrille sogar selbst eine IMU, eine ‚Inertial Measurement Unit'. Damit kann gemessen werden, ob man den Kopf dreht oder neigt. Die Kameras sind dann mit Gimbals auf Quadrocopter oder Multicopter montiert. Wenn diese Information gekoppelt wird, dann können sie sich in dieselbe Richtung bewegen, wie man den Kopf dreht oder neigt. Damit hat man dann richtig den Eindruck, dass man selbst mit dem Modell mitfährt.

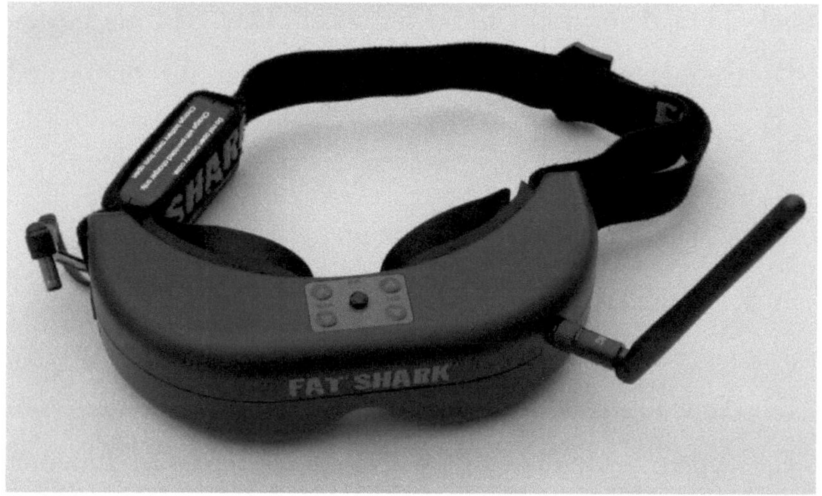

*Bild 8: Videobrille mit integriertem Empfänger.*

Die oberen Ausführungen zeigen, dass sowohl die Kameras als auch Videobrillen ganz unterschiedliche Eigenschaften aufweisen können. Die Kameras können also starr oder auch mit einem Gimbal beweglich montiert werden. Die Videobrillen können als Mono- oder Stereobilder ausgeführt werden und manche können sogar ein Feedback über die Kopfbewegung geben.

Als Einsteiger sollte man sich zuerst einmal eine einfache Mono- Videobrille kaufen. Man kann damit schon gut erste Erfahrungen sammeln. Wenn man dadurch noch mehr Interesse für diese Art der Visualisierung entwickelt, kann man auch die anderen Erweiterungen testen. Das geht bis hin zu 3D- Bildgebung mit motorisiertem Gimbal für dreh- und schwenkbare Kameras.

## 5. Telemetrie

Die Datenübertragungen von der Fernsteuerung zum Multicopter sowie diejenige der Telemetrie vom Multicopter zur Bodenstation finden zur selben Zeit am selben Ort statt. Deshalb ist es eben sinnvoll, wenn Telemetrie und Fernsteuerung auf unterschiedlichen Frequenzbändern senden. Im konkreten Beispiel wurden diese gleich ausgeführt, wie oben erwähnt beschrieben. Die Fernsteuerung sendet also auf den bekannten 2.4 GHz und die Telemetrie auf 433 MHz. Bild 9 zeigt den Telemetriesender. Er wird direkt beim Flugcontroller eingesteckt.

*Bild 9: Telemetriesender mit 433 MHz.*

# 6. Bodenstation

Beim vorliegenden Beispiel werden die Telemetriedaten direkt aus einem über die USB- Schnittstelle beim PC einsteckbaren Empfänger ausgelesen. Der Sender und der Empfänger befinden sich in einem permanentem Datenaustausch und gegenseitiger Kommunikation. Deshalb handelt es sich genau genommen um zwei identische Geräte. Der oben dargestellte Telemetriesender dient also in der baugleichen Version auch bei der Bodenstation auch als Empfänger.

Über die PC- Software ‚Mission Planner' werden nun die Daten dargestellt. Zusätzlich ist der Flugcontroller selbst auch zusätzlich mit einer Speicherkarte ausgerüstet. Das erlaubt es auch, dass man sogenannte Log- Datenfiles mit den zeitlichen Verläufen verschiedenster Parameter lokal auf dem Multicopter abspeichern kann. Im Fehlerfall können die Daten dann wertvolle Informationen und Hinweise liefern, über die Lagen, Geschwindigkeiten und Beschleunigungen in allen Richtungen, den Stromverbrauch, die Akkuspannung, die PWM- Signale für die Brushless- Regler, GPS- Signale oder vieles mehr. Aber das funktioniert auch nur offline, also nach dem Flug. Die Telemetriedaten, welche online, also während des Flugs übertragen werden, können auf dem PC auf verschiedene Arten weiterverarbeitet werden. Der ‚Mission Planner', dient in diesem Fall zusammen mit dem PC als Bodenstation. Er kann ebenfalls einige ausgewählte Parameter direkt auf dem Bildschirm darstellen. Im Bild 10 ist das in etwa ersichtlich. So wird beispielsweise der aktuelle Standort des Multicopters mit dem übertragenen GPS- Signal direkt zusammen mit dem Kartenhintergrund dargestellt. Auch die Akkuspannung oder die aktuelle Höhe bezogen auf den Startpunkt sind wichtige Informationen über den Zustand des Fluggeräts. Und es wird über einen separaten Videoempfänger oder denjenigen, welcher in der Videobrille eingebaut ist auch das Bild der Onboard- Kamera dargestellt.

*Bild 10: Darstellung der Telemetriedaten bei der Bodenstation*

*Bild 11: Darstellung eines Fluges.*

Bild 11 zeigt die ausgewerteten Daten eines Log- Files. Es werden im Bild die aufgezeichneten GPS- Daten eines Modellflugzeugs dargestellt.

Die vorher einprogrammierten Waypoints werden mit einer internen Regelung des Flight controllers abgeflogen. Dabei versucht dieser die Waypoints mit einer so nahe wie möglich zu erreichen, mit einer GPS- Regelung. Damit die Wege optimal abgeflogen werden können, sind auch Toleranzen möglich. Diese sind in der Figur 12 als Kreise rund um die Waypoints eingezeichnet.

*Bild 12: Waypoints.*

Für den Flugmode ‚Auto' wurden dem Flugcontroller sogenannte Wegpunkte, in Englisch Waypoints einprogrammiert. Zusammen mit dem GPS- System kann das Modellflugzeug diese Waypoints selbstständig abfliegen (Flugmodus ‚Auto'). Wegen der Vorschrift des Sichtfluges ist es mit den Flugcontrollern möglich und auch gesetzlich vorgeschrieben, dass man jederzeit auch in den Flugmodus ‚Manual' umschalten kann.

# 7. Literature


[1] Schenk, Helmut. "Der Standschub von Propellern und Rotoren." (2007).

[2] Wendel, Jan. *Integrierte Navigationssysteme: Sensordatenfusion, GPS und Inertiale Navigation.* Oldenbourg Verlag, 2009.

[3] Grewal, Mohinder S., Lawrence R. Weill, and Angus P. Andrews. *Global positioning systems, inertial navigation, and integration.* John Wiley & Sons, 2007.

[4] Büchi, Roland. *Radio control with 2.4 GHz.* BoD–Books on Demand, 2014., ISBN 978-3732293407

[5] Passern, Ulrich. *Das LiPo-Buch: Grundlagen und Praxistipps-Aktualisierte Neuauflage.* Verlag für Technik und Handwerk, 2016.

[6] Föllinger, Otto, Frank Dörrscheidt, and Manfred Klittich. "Regelungstechnik. Einführung in die Methoden und ihre Anwendung." *Berlin: Elitera Verlag* (1978).

[7] Büchi, Roland. "Brushless-Motoren und–Regler. 1." *Auflage, Baden-Baden: Verlag für Technik und Handwerk neue Medien GmbH* (2013).

[8] da Silva LR, Flesch RC, Normey-Rico JE. Controlling industrial dead-time systems: When to use a PID or an advanced controller. ISA transactions. 2020 Apr 1;99:339-50.

[9] Unbehauen H. Regelungstechnik. Braunschweig: Vieweg; 1992.

[10] Büchi, Roland. *State space control, LQR and observer: step by step introduction with Matlab examples.* Norderstedt Books on Demand, 2010.

[11] G. Schwarze: Bestimmung der regelunsgtechnischen Kennwerte von P-Gliedern aus der Übergangsfunktion ohne Wendetangentenkonstruktion, In: - messen-steuern-regeln Heft 5, S. 447-449, 1962